U0389509

筑境

中国精致建筑100

1 建筑思想

风水与建筑
礼制与建筑
象征与建筑
龙文化与建筑

2 建筑元素

屋顶
门
窗
脊饰
斗栱
台基
中国传统家具
建筑琉璃
江南包袱彩画

3 宫殿建筑

北京故宫
沈阳故宫

4 礼制建筑

北京天坛
泰山岱庙
闾山北镇庙
东山关帝庙
文庙建筑
龙母祖庙
解州关帝庙
广州南海神庙
徽州祠堂

5 宗教建筑

普陀山佛寺
江陵三观
武当山道教宫观
九华山寺庙建筑
天龙山石窟
云冈石窟
青海同仁藏传佛教寺院
承德外八庙
朔州古刹崇福寺
大同华严寺
晋阳佛寺
北岳恒山与悬空寺
晋祠
云南傣族寺院与佛塔
佛塔与塔刹
青海瞿昙寺
千山寺观
藏传佛塔与寺庙建筑装饰
泉州开元寺
广州光孝寺
五台山佛光寺
五台山显通寺

6 古城镇

中国古城
宋城赣州
古城平遥
凤凰古城
古城常熟
古城泉州
越中建筑
蓬莱水城
明代沿海抗倭城堡
赵家堡
周庄
鼓浪屿
浙西南古镇廿八都

筑境

中国精致建筑100

关外三陵

王佩环 撰文/张振光 王尚东 薛伟超 杜涛 张庆明 绘图

中国建筑工业出版社

出版说明

中国是一个地大物博、历史悠久的文明古国。自历史的脚步迈入新世纪大门以来，她越来越成为世人瞩目的焦点，正不断向世人绽放她历史上曾具有的魅力和光辉异彩。当代中国的经济腾飞、古代中国的文化瑰宝，都已成了世人热衷研究和深入了解的课题。

作为国家级科技出版单位——中国建筑工业出版社60年来始终以弘扬和传承中华民族优秀的建筑文化，推动和传播中国建筑技术进步与发展，向世界介绍和展示中国从古至今的建设成就为己任，并用行动践行着“弘扬中华文化，增强中华文化国际影响力”的使命。从20世纪80年代开始，中国建筑工业出版社就非常重视与海内外同仁进行建筑文化交流与合作，并策划、组织编撰、出版了一系列反映我中华传统建筑风貌的学术画册和学术著作，并在海内外产生了重大影响。

“中国精致建筑100”是中国建筑工业出版社与台湾锦绣出版事业股份有限公司策划，由中国建筑工业出版社组织国内百余位专家学者和摄影专家不惮繁杂，对遍布全国有历史意义的、有代表性的传统建筑进行认真考察和潜心研究，并按建筑思想、建筑元素、宫殿建筑、礼制建筑、宗教建筑、古城镇、古村落、民居建筑、陵墓建筑、园林建筑、书院与会馆等建筑专题与类别，历经数年系统科学地梳理、编撰而成。本套图书按专题分册，就其历史背景、建筑风格、建筑特征、建筑文化，结合精美图照和线图撰写。全套100册、文约200万字、图照6000余幅。

这套图书内容精练、文字通俗、图文并茂、设计考究，是适合海内外读者轻松阅读、便于携带的专业与文化并蓄的普及性读物。目的是让更多的热爱中华文化的人，更全面地欣赏和认识中国传统建筑特有的丰姿、独特的设计手法、精湛的建造技艺，及其绝妙的细部处理，并为世界建筑界记录下可资回味的建筑文化遗产，为海内外读者打开一扇建筑知识和艺术的大门。

这套图书将以中、英文两种文版推出，可供广大中外古建筑之研究者、爱好者、旅游者阅读和珍藏。

目录

关外三陵

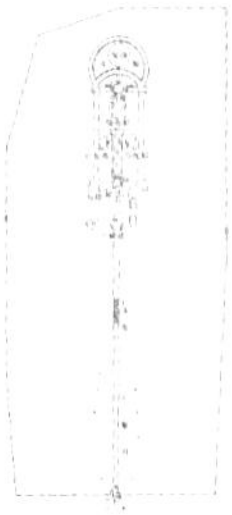

在绵亘万里的长城脚下，以“天下第一关”著称的山海关外，是中国历史上最后一个封建王朝大清帝国的“发祥重地”。因此，这里留下了众多的皇朝遗迹。而永、福、昭三座帝王陵墓即其中颇具特色者，在中国陵墓建筑中独领风骚。今天，当人们游览这“风水宝地”，面对那些巧夺天工，令人叹为观止的辉煌建筑时，不免要对我们祖先的聪明才智肃然起敬。

陵墓建筑水平的高低，要受到当时社会政治、经济、文化等诸多因素的影响和制约。清初所建三座帝陵，由于清王朝刚刚崛起，封建的等级观念和宗法思想体系尚未形成，兼之处于战乱年代，经济条件有限等原因，使关外三陵不论建筑规模、等级、装饰程度等等较之入关后所建各陵显得朴拙而简素。又因受到满族及其先人生活习俗的影响，在三陵建筑中表现出浓郁的满族特色，为历代陵墓建筑所罕见。

由于盛京为祖宗陵寝所在，清帝为表示报本追源，非常重视祖宗陵墓，故自康熙十年（1671年）创东巡谒陵祭祖之制后，便将其作为国家典制为清列帝所遵循，遂有康熙、乾隆、嘉庆、道光凡四帝十次东巡盛京拜祭祖宗山陵。出巡途中，自然还有巡省地方边务、考察风土民情、祭祀庙宇等活动，将谒陵祭祖赋予诸多政治内容。

一、山海关外三皇陵

图1-1 南望永陵全景/前页
永陵是清皇室的祖陵，坐落于今辽宁省新宾满族自治县内，占地15000平方米。陵区为一长方形，坐北向南，最南端的玉带桥入正红门，经肇、兴、景、显四座碑亭，至方城启运门、启运殿，殿后为宝城，葬四祖骨殖或衣冠冢。

关外三陵中，坐落于今辽宁省新宾县境内的永陵，是清皇室爱新觉罗氏的祖陵，距城区约25公里的永陵乡永陵镇（以陵名地）西北1公里处。它依山傍水，北靠启运山，南临苏子河，与呼兰哈达（满语即“烟囱山”）隔河相望。陵园四周山环水绕，峰峦叠嶂，苍松翠柏，互为掩映，山光水色，钟灵毓秀，永陵颇得山川形胜之利。启运山气势雄伟，为长白山脉龙岗山一支系的南麓，因而这里可谓群山拱卫，众水朝宗。清皇室福彭曾描述永陵的山川地理形势时说：“其龙（龙岗）与长白分干，势由纳绿起祖，高冠群山，秀出天表。名尊雄颖丽之观，光耀日月；极逶迤顿跌之妙，气概惊人，苏子洪河，当前绕抱；浑河巨浸，在后萦环”，果为堪舆之地。永陵陵区占地约15000平方米，陵界范围则广达数十公里。它东至嘉禾沟东山，西至羊祭台，南至榆树乡红旗沟北山，北至六道沟岭。永陵原名兴京陵，始建于1598年，系清王朝的缔造者，时为明朝

图1-2 福陵方城内景
方城内为陵区的主体建筑，在须弥座台基上建有三楹享殿隆恩殿，东西各配殿三楹，其前有高大的隆恩门。

辽东边官的努尔哈赤，为其始祖（清追尊为肇祖原皇帝）猛特穆及曾祖（清追尊为兴祖真皇帝）福满所建的陵墓。崇德元年（1636年），皇太极称帝，定陵名为兴京陵。顺治八年（1651年），封陵山为启运山。十五年（1658年）将辽阳的努尔哈赤祖、父，即景祖翼皇帝觉昌安，显祖宣皇帝塔克世及其妻室迁葬兴京陵，并移伯祖礼敦、叔祖塔察篇古附葬于此。翌年，顺治皇帝诏令改兴京陵为永陵，寓大清王朝“江山永固”之意。

在一代帝都的盛京沈阳城东10公里处的天柱山（原名“石咀头山”）的半山冈上，建有清王朝的开国之君，清追尊为太祖高皇帝努尔哈赤与皇后叶赫那拉氏合葬的陵园——福陵。后金天命十一年（1626年）八月十一日，时年六十八岁的努尔哈赤，病逝于从清河温泉返归沈阳的舟船之上。次日晨，诸王子弟以“先皇遗命”逼令大妃乌拉纳喇氏生殉及二庶妃从殉，当即将努尔哈赤与大妃尸体“同柩入棺”，梓宫暂时安厝在城西北角的“享殿”之中。至天聪三年（1629年），始觅得石咀头山这处“川萦山拱，佳气葱郁”的“吉壤”，作为太祖的万年吉地启建陵园。福陵所在地的确为形胜之地，这里也是山峦起伏，风光秀丽、苍松翠柏、古木参天。陵墓静卧其中，显得庄严肃穆，清幽而深邃。当年的建筑大师们巧妙地利用山势将陵园的山门、享殿、碑亭、方城、宝顶等建筑由低渐高、修筑至山峦之巅。人们在观览时，必须步步登高，仰视而上，自然产生一种崇高敬仰的心态，令人有一种超凡脱俗之感。清修官书《盛京通志》载其形胜曰："福陵，近则浑河其前，辉山、兴隆岭峙其后；远则发源长白，俯临沧海，王气所钟也。"

努尔哈赤死后三年才选定这块吉壤启建陵墓，说明清统治者已受到汉族封建文化的影响，对于选择能"福及自身，荫及子孙后代的风水宝地"十分重视。据说这块宝地的选择曾颇费周折，最后还是熟悉山川地貌、职司钦天监官的杜如预、杨宏量二人提出，在盛京沈阳城东二十里处有一座山，乃长白山余脉，十分雄伟壮观。其山前临浑河，后依大台山，中间还有一条兴隆岭，正应了一句谚语，即"两山夹一岗，辈辈出皇上"。这里山清水秀、林木茂盛，山中还有涌泉百眼，俱出自长白山天池。若将老汗王葬在这里，可保天下太平，王朝兴旺。皇太极首肯，遂破土动工，修建陵墓。崇德元年，定陵名为福陵（俗称东陵），清入关后屡有增建。

关外三陵中最大的一座皇陵，是清太宗皇太极与皇后博尔济吉特氏的昭陵。崇德八年（1643年）八月初九日夜，皇太极猝死在盛京皇宫的清宁宫中，年仅五十二岁。昭陵位于盛京沈阳城北，故又有北陵之称。昭陵始建于崇德八年皇太极死后即动工修建，此陵迥异于永、福二陵之处在于平地起陵，用人工堆砌山石，且规模宏大，陵区占地18公顷。昭陵的

图1–3 大碑楼

昭陵大碑楼与福陵建筑格局相同，唯内立“大清昭陵神功圣德碑”一通。碑统高6.67米，身高5.45米，龙趺碑座，碑头为蛟龙首。

选址有一段有趣的传说：一日皇太极率领诸王贝勒到城北郊行围狩猎，忽见一只野兔从马前跑过，他正拟射杀，但野兔逃窜，皇太极追至一片荒漠的大土丘处，见丘上有一大群乌鸦噪声不绝，便想到“乌鸦救主”的恩情，遂不再追赶，率众回营。待皇太极死后，便在那座乌鸦落过的土丘上赶建陵墓。“乌鸦神雀”选陵的传说不过为宣扬皇太极是真命天子的神话而已。实际上昭陵的选址，也是杜如预等堪舆家根据彼处的地质景观等诸多优越条件而选定的。何况皇太极突然死亡，在短期内选择龙翔凤翥的山陵，同时完成宏大的筑陵工程绝非易事，从当时情况看也确是不得已而为之。至顺治八年陵墓基本建成，陵后堆积的土山上广植松木，亦不失郁郁葱葱。陵山封号隆业山，意味着大清王朝的兴旺发达。清入关后历朝屡有增建和扩建，使这座皇家陵园更加雄伟壮观。

二、神树定祖陵

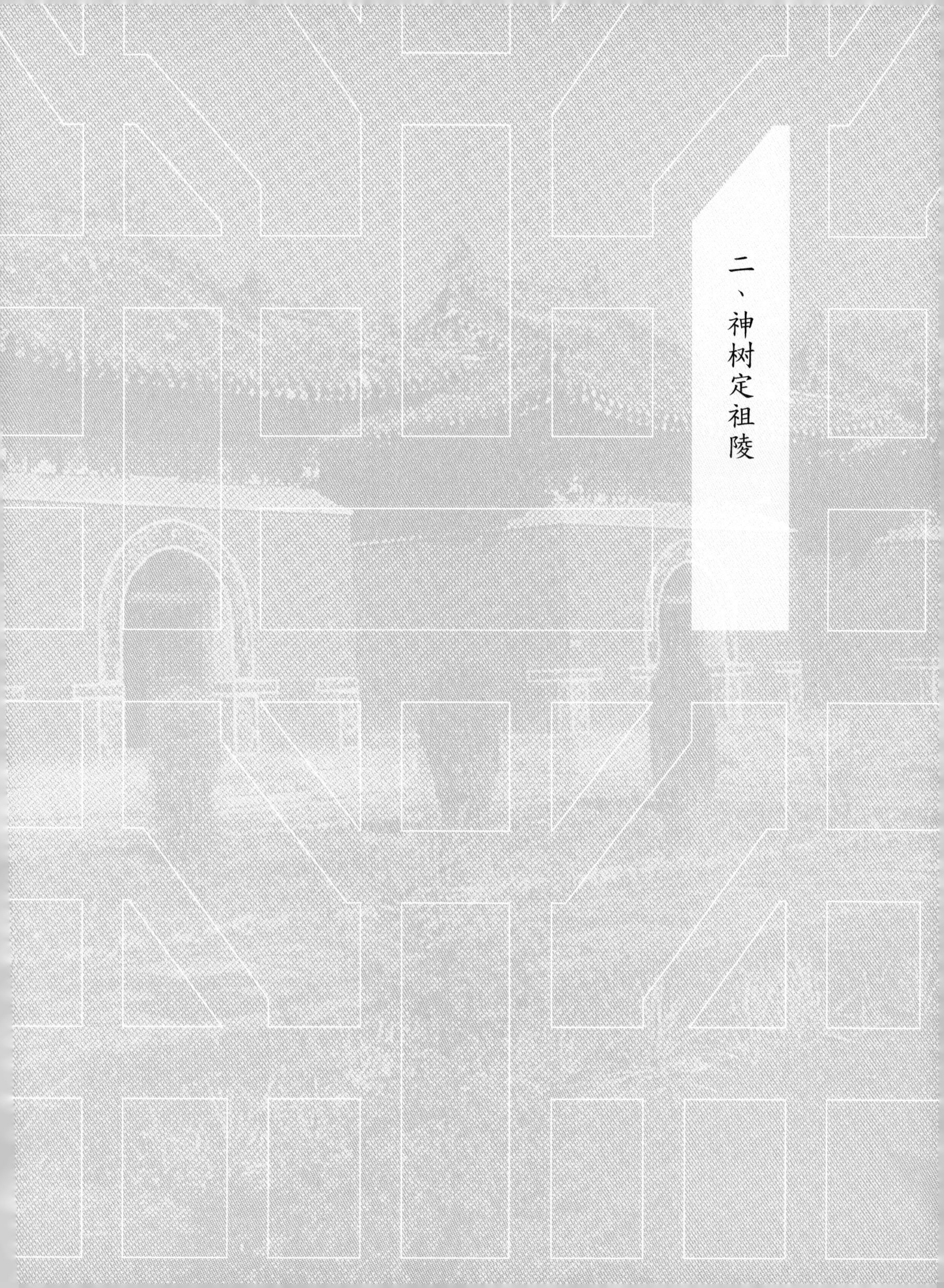

永陵作为清皇室祖陵，在关外三陵中建造最早，形制亦与福、昭二陵不同，规模较小。但因陵墓建在林木葱茏的启运山下，又有苏子河犹如一条玉带在陵前绕过，使得这座建筑群的黄瓦朱墙在青山绿水的衬托下，显得格外引人注目，远远望去，陵园景色旖旎宜人，人们在惊叹陵园美景的时候，不禁要问，如此美妙的去处是怎样选定的呢？尤其建陵之时，努尔哈赤的父亲和祖父刚刚死于战乱，其本人虽得袭父职也不过是明朝统治下一个边防小官——都指挥使，如何能选得这块风水宝地？当人们步入永陵一殿内就可见到一通玉质石碑，上面镌刻着乾隆皇帝御笔亲书的《神树赋》，神树定陵址的故事便由此而来。在乾隆帝的诗赋中，对兴祖福满陵前的一株老榆树，又称“瑞树”大加赞美，说它“轮囷盘郁，圆覆佳城”；其枝繁叶茂，形如伞盖，荫蔽墓冢。并说此树“非柏非松，根从天上来”，其种亦非人间所有，故谓之“神树”。这当然是清统治

图2-1 永陵宝城及宝顶
永陵四祖墓地月牙形宝城，面阔22.4米，纵长18.7米。墓地分上下两层台，葬肇、兴、景、显四祖和伯叔二祖。宝顶下无地宫。

者的溢美之词。但此树生得粗壮高大，枝叶茂盛是可信的。据说同治年间因一场暴风雨使此树倾覆，竟将启运殿的大梁都压断了。

因树建陵的故事是，相传明万历年间努尔哈赤的父、祖在古勒山大战中被明军误杀。明政府为了安抚努尔哈赤，赐其敕书三十道，好马三十匹，并准袭父职，封为都指挥使，还其父、祖尸骨。努尔哈赤无奈，只好背着父、祖的骨殖回家。当他来到启运山下时，天色已黑，饥肠辘辘不能前行，见面前有一棵老榆树，枝杈粗壮，便将父、祖的骨殖包放在一个树杈上，倚树而眠。次日天明，努尔哈赤从树杈上取骨殖时却拿不动，好像长到树上一样。他十分惊奇，思量这是天意所归，遂决定在榆树下起建陵墓。这些传说虽然是统治者用“天眷神授”来美化自己的手段，但从北方一些少数民族的葬俗考察，除火葬、土葬、水葬、天葬等之外，也有“树葬”者。据考古发现，在今黑龙江省宁安（宁古塔），历史上女真人生活的地方，就曾发现一些大树洞中有人的骨殖。不但女真人，契丹、奚、室韦等民族也有“挂尸树上”的葬俗。而满族先人长期生活在深山密林之中，选用树葬是很可能的。这个看似神奇的故事很可能是满族先人葬俗的一种反映。“神树”定祖陵陵址的故事至今仍在民间广为流传。

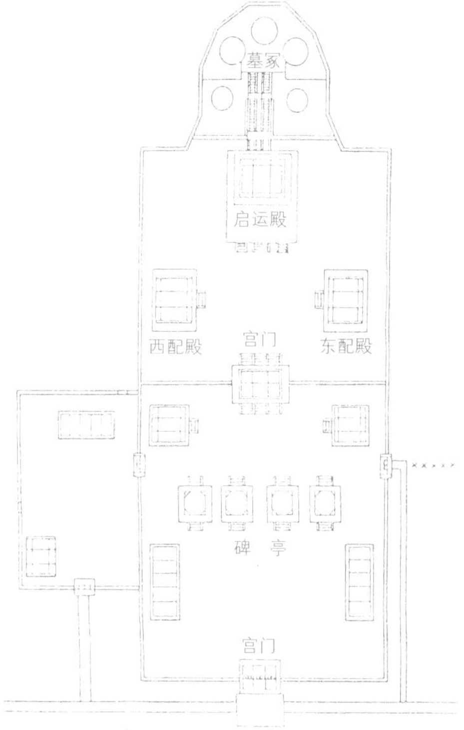

图2-2 永陵平面示意图

永陵里埋葬的肇、兴、景、显四位墓主，曾先后为元、明王朝的地方官。肇祖猛特穆，元朝末年袭父职为斡尕怜万户府的万户，为元朝边官。后率部众南迁至辽东地区。元朝灭亡后，明朝设立“卫所制”，猛特穆任建州左卫都督佥事，后晋都督。不久在一次战役中死亡。万历二十六年（1598年），努尔哈赤将其所遗衣冠埋葬在兴祖福满墓的东北隅，是为无尸骨的衣冠冢。兴祖福满，乃猛特穆曾孙，努尔哈赤曾祖。同年秋八月，努尔哈赤将其葬于“桥山之阳”。其祖父觉昌安，父亲塔克世同在古勒山混战中被明将李成梁军误杀，先葬于祖居之地赫图阿拉尼雅满山冈，清天命九年（1624年）曾移葬辽阳东京陵。顺治十五年（1658年）又移回兴京陵，并按父子左昭右穆之序，置兴祖宝顶前左右翼。十六年改兴京陵为永陵，陵内并列着四祖碑亭，石碑上记述着四位祖先的“盖世功德”。

三、别具一格的陵墓建筑

陵墓是人类进入文明时代的重要标志之一，而作为帝王陵墓建筑水平的高低，则与当时社会的政治、经济、文化及统治者道德观念及审美情趣有着密切关系。因此，陵墓建筑也是时代的产物。同时，在形式及内容上又不可避免地要受到历史和民族习俗的影响。清初建关外三陵时，由于清王朝刚刚崛起，汉族影响尚微，封建的等级观念和宗法体系尚未形成，兼之处于战乱年代，无暇顾及天朝典制；就其势力所及，仅东北一隅，经济条件有限，故陵墓形制及建筑较之后期为简朴。另一方面，后金占据辽沈地区后虽然受到汉文化的诸多影响，但满族及其先人女真人的生活习俗仍根深蒂固，因此，关外三陵特别是建造最早的永陵，在沿袭汉族传统陵墓建筑形制的同时，也表现出满族的建筑特色，较之其后的福、昭二陵更加简素。

图3-1 四祖碑亭

四座碑亭南北各辟一券门，其石券上雕有二龙戏珠等图案。额枋与檐椽之间为三翘七踩斗栱，檐下满族彩绘，以蓝绿等冷色调为主。四座碑亭内立龙趺肇、兴、景、显四祖的“神功圣德碑”各一通，上用满、汉两种文字镌刻。

图3-2 从御路看四祖碑亭

"御路"，也称"神路"和"参道"，直通启运门，当年清帝谒陵时才走此路。站在御路上可北望启运山，山林茂密，郁郁葱葱，平添了山陵的肃穆和静谧。

永陵区为一长方形，最南端置下马石碑两通，经黄土“神道”至陵门。过玉带桥，迎面便是陵寝正门，称正红门。这是一座面阔三间硬山式建筑，黄琉璃顶，对开红木栅栏门，两侧为髹红缭墙。入门为一进院落，由东向西并列四座正方形单檐歇山顶式碑亭，亦黄琉璃瓦顶，红墙，额枋与檐椽间为三翘七踩斗栱，木雕彩绘，色调多用蓝绿冷色，显得庄严肃穆。南北各辟一券门，边框上为石雕二龙戏珠图案。亭内置肇、兴、景、显四祖“神功圣德碑”。碑亭两侧是齐班房、祝版（刻有祝文的木版。每次祭陵时均有读祝文活动）房及茶膳房、涤器房等，均为青砖瓦房，是守陵官兵轮值及制作祭品和存放祝版的地方。亭后即方城，为二进院落，永陵方城仅用高3米余的缭墙围成，较为简陋，非福、昭二陵那种高大的城堡式方城可比。方城正门称启运门，是一座单檐歇山周围出廊式建筑，黄琉璃瓦顶，门两侧红墙上建有悬山式青砖瓦顶的照壁，上面装

图3-3 启运殿内景

此殿即享殿，为清帝谒陵的祭祀场所。殿内设大暖阁四座、阁内置宝床。又设小暖阁四座，阁内供帝、后神牌各一，阁前置龙凤宝座八，前设五供桌四张，桌上陈各种祭器。

图3-4 启运殿
启运殿正脊上凸雕八条行龙，两端鸱吻的剑把上分别透雕“日”、“月”二字。殿内设神牌、宝座、供案等一应陈设，清帝谒陵时在此举行大飨礼。殿外两侧建配殿各三楹，殿后便是启运山。

饰着砖雕五彩云龙纹。启运门内的祭殿启运殿，亦是一座单檐歇山周围出廊的大殿、面阔三间，檐檩及额枋上满施彩绘，黄琉璃瓦顶，正脊上凸雕八条行龙，两端鸱吻的剑把上分别透雕“日”、“月”二字，寓其祖先为能肩担日月的“神人”。四条戗脊上排列着仙人、龙、凤、狮子及天马、海马等神兽。整座大殿威严中透着质朴，殿内设大小暖阁及龙凤宝座、神牌、供（刻有祝文的木版，每次祭陵时均有读祝文活动）案等一应陈设，大殿两侧有东西配殿各三楹，殿前还有焚帛楼一座。

启运殿后为第三进院落，即月牙形砖砌宝城，为四祖等人的墓地。宝城平面呈八面马蹄形，面宽22.4米，纵长18.7米，用砖墙环绕，

图3-5 启运殿侧景
启运殿虽建在比较低矮的台基上，规模较小，但其金光闪闪的黄琉璃顶，配以朱红廊柱，质朴中透着威严，仍不失皇家陵墓建筑的气魄。

内分上下两层台。上台中葬兴祖福满，左昭葬景祖觉昌安，右穆葬显祖塔克世，西北隅为肇祖衣冠冢。下层台左葬礼敦，右葬塔察篇古。宝城下无地宫，均为地面起陵。陵区内还有一些附属建筑，诸如为制备祭祀所需的膳房、酒房，冰窖以及宰杀牛羊的省牲所等。这里在康熙年间还特设永陵总管衙门，派有众多的官兵和夫役守卫和管理陵区一应事宜。据说关外三陵各养壮丁夫役千余人，专门在陵上效力行走。

关外三陵各具特色，永陵尤以满族特色见长。首先，永陵的正红门及缭墙上的东西红门均为红漆木栅栏门，不同于福、昭二陵砖石结构琉璃瓦顶的券门，不但给人一种朴实无华的亲切之感，而且这种对开红木栅栏门正是满

图3-6 琉璃壁装饰

永陵方城启运门两侧红墙上建有悬山式青砖瓦顶的袖壁，正中有一椭圆形琉璃盒子装饰，上面镶嵌五彩琉璃云龙，姿态生动。

图3-7 碑亭角柱石

永陵碑亭角柱石上凸雕一对蓝绿琉璃的坐龙，状如二犬守门。此种坐龙造型独特，在清代帝王陵墓建筑的装饰艺术中较罕见。

图3-8 碑亭檐下木雕装饰

碑亭檐下各有十二个木雕龙头（挑檐各一、正面各二），其造型独特，状如猪头，俗称“猪头龙”，此种装饰既受明代影响，也是东北地方风格，大约与满族喜养猪的生活习俗有关。

族先人树栅为寨的传统遗风的反映。城四周仅以砖砌缭墙围护，如满族民间院墙样式，比起福陵、昭陵及其他帝王陵园中城堡式方城，显得十分古朴简素。永陵中的建筑装饰既反映了满族旧俗的诸多特点，也有其独到之处。如永陵碑楼券门角柱石上凸雕蓝绿琉璃的坐龙，形如二犬守门，造型十分独特，在清代帝王陵墓建筑中是罕见的，这也是满族先人尚犬习俗的反映。再如碑亭檐下各十二个木雕龙头（挑檐各一，正面各二），均做成嘴巴粗短的“猪头龙”，则是受到明代龙纹装饰的影响，明代在一些器物上的龙头造型，就多是这种似龙似猪的独特造型。而永陵碑亭檐下木雕装饰选用此种造型，大约也与满族人善养猪豕，喜食猪肉有关。前述永陵的云龙纹照壁也与福、昭二陵的琉璃壁不同，而是用陶塑和砖雕而成，雕工细腻之中蕴含着朴素和粗犷，为清初满族建筑装饰风格。而一陵多葬，君臣合一，更是永陵一大特点，与明清皇陵一般仅以帝后合葬，余者别建园寝的情况不同。这里不仅葬有四祖及其妻室，还同时葬有叔伯及其妻妾们，说明当时君臣等级观念还不严格。清入关后历朝虽有所增建，但陵园规制大体已定，没有太大的改动，故此处以“祖陵”统之。

四、清帝第一陵——福陵

清朝共有十二帝，除逊清皇帝溥仪死后未建陵园外，共建过十一座帝陵，分布于盛京沈阳两座，即福陵和昭陵（俗称东陵和北陵）及直隶（今河北）地区遵化县境内的清东陵和易县境内的清西陵，计九座帝陵、七座皇后陵和八座妃园寝，充分体现了封建社会的宗法思想和等级制度。福陵为清朝问鼎中原前在关外建造的第一座帝陵。

天聪三年，盛京石嘴头山下太祖山陵初成就在这年的清明时节，当民间百姓上坟扫墓的时候，后金国新汗皇太极也率领诸王贝勒大臣为其汗父及生母举行了隆重的安葬礼。皇太极亲奉梓宫（实为盛骨灰的“宝宫”）出殡殿，然后由王公大臣“奉安灵舆”，八旗大臣恭抬，前拥后扈，列卤簿仪仗，鼓乐前导，浩浩荡荡，到山陵将太祖努尔哈赤及孝慈高皇后安葬地宫。其安葬礼很隆重，皇太极率王公百官跪拜行告祭礼，奠酒举哀，焚楮币，宣读祝文等一系列活动。葬礼结束，拨派官兵日夜守护，从此这里成了皇陵禁地。初建的皇陵是极简陋的，大概仅有供安葬死者的地宫以及门、

图4-1 福陵全景（陈伯超 提供）

福陵亦称“东陵”，是清太祖努尔哈赤的陵寝，位于沈阳东部丘陵，始建于1629年。1929年辟为东陵公园。它坐北朝南，四周以红墙围之。前临浑河，后倚天柱山。园内设有石像生、华表、108级石阶、方城、宝城，以及隆恩门、隆恩殿、东西配殿等建筑。

图4-2 福陵平面示意图

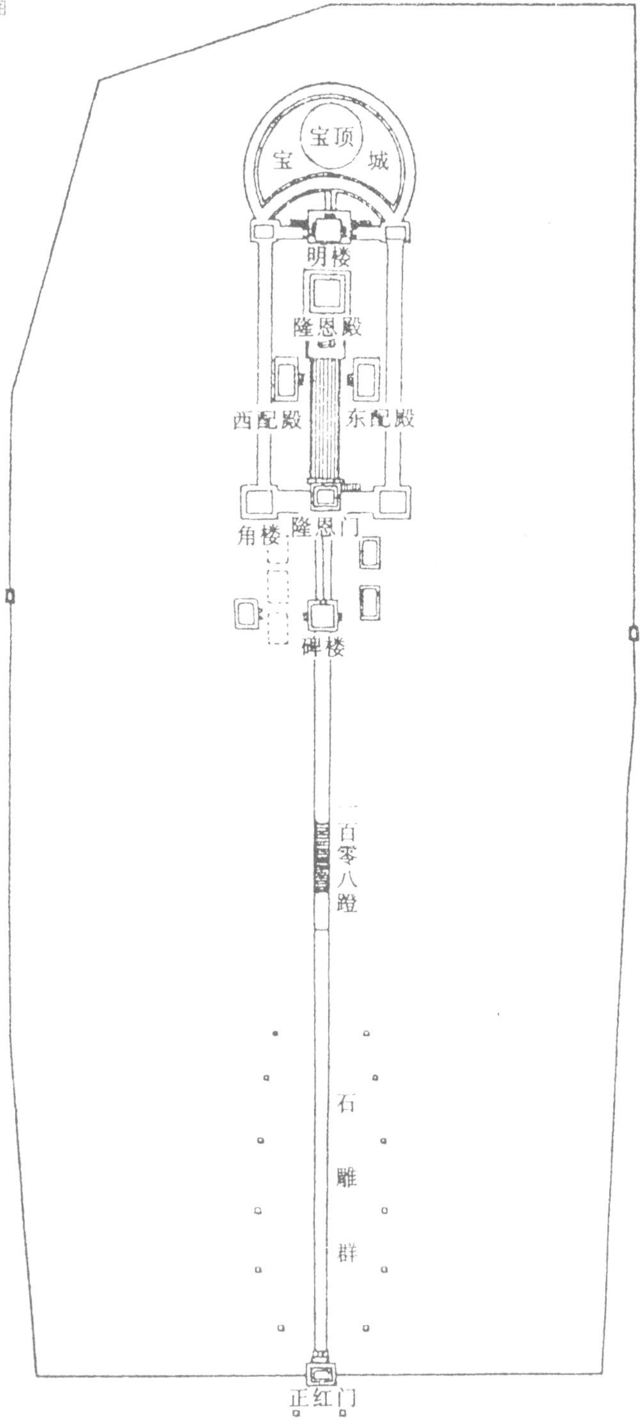
宝顶
宝
城
明楼
隆恩殿
西配殿
东配殿
角楼
隆恩门
碑楼
一百零八蹬
石
雕
群
正红门

全国重点文物保护单位
福陵

图4-3 正红门/前页

此门亦称大红门，是进入陵区的正门，坐落在低矮的须弥座台基上，四周绕以矩形红墙，三出台级，是一座单檐歇山式建筑，为三拱洞门，黄琉璃瓦顶，檐下施彩绘，门上部石券脸上浮雕二龙戏珠等纹饰。门洞中有对开两扇木门，上有八角形兽面"铺首"。

墙围护而已。直到五年后，即天聪八年，皇太极称帝前才下令循古代帝王陵墓规制建享殿，也称"献殿"（隆恩殿）以供祭祀之所。同时植松木及石狮、石马等石像生，福陵才初具帝陵规模。清入主中原后，顺治八年（1651年）对陵区加以修建，并敕封陵山曰天柱山。康熙二年（1663年）改造地宫，之后又增建大碑楼等建筑，乾隆四十三年（1778年）增设红、白、青三层界桩，从此方圆二十余里尽为皇陵禁地。增修后的福陵，基本上依明帝陵规制，前建供祭祀的享殿，后建安葬逝者的地宫，以及为祭祀所需的服务设施如茶膳房等，形成状如皇宫"前朝后寝"，规模宏大的建筑群，显示其至高无上的尊贵地位和权威。

图4-4 石牌坊

在福陵正红门前东西两侧，分别立有一座四柱三楼冲天式仿木石牌坊，褐色粗砂石雕成。三楼额枋上雕斗栱及二龙戏珠等图案，四柱头上各立一"望天犼"石兽，为清初石枋与望柱相结合的特殊形式。

今日尚存的福陵，为清入关前后的积累式面貌，此陵建在天柱山的山巅之上，浑河水就在山前流过，陵北与辉山相望，陵周峰峦叠嶂，山清水秀，可谓世间胜境。陵园依山而建，步步登高，气势雄伟，且又庄严肃穆，

图4-5 牌坊夹柱石

福陵牌坊夹柱石极粗大，上浮雕番莲纹等，雕工粗犷。

图4-6 大望柱

陵区前的开阔地面上除一对高大的石坊外，还各立一对石狮和望柱，福陵的大望柱是用黑褐色粗砂石料雕成。

图4-7 正红门兽面装饰/左图

图4-8 一百单八蹬/右图
福陵依山势而建，由南向北逐渐升高，越过石洞桥，便是利用天然坡度修建的一百零八级砖阶，据说阶数是取三十六天罡星与七十二地煞星之和。

清幽静谧。福陵坐北面南，陵周绕以矩形红墙，南面正中为入陵山大门，称正红门或前宫门，是一座单檐歇山式建筑，一抹朱红的三拱洞门。门两侧接墙上嵌有五彩蟠龙琉璃神壁。门外两侧对立着石狮、华表及高大的石牌坊。入门正中有一条笔直的甬路，即“参道”。两侧为石望柱及其北对称排列的驼、马、狮、虎四对石像生，显示出皇家陵园的威严。越过石洞桥，便到了平地尽头，登上相传依北斗星座中三十六天罡星与七十二地煞星合成之数，即能将一百零八位星宿踩在脚下，寓意帝王之威的“一百单八蹬”，迎面便是平地上高高矗立着的一座垂檐歇山黄琉璃顶，四面辟有券门的大碑楼，内立巨石雕赑屃驮载的“大清福陵神功圣德碑”，重达十余万斤。碑文为康熙皇帝亲撰，褒扬其曾祖开国奠基的“丰功伟绩”，上有“康熙二十七年立”字样，满汉两体文字镌刻。碑阴有石纹，据说每当雨过天晴，碑石上就会隐

图4-9 碑楼
碑楼也称碑亭，位于正红门后一进院落。内立巨石雕龙趺“大清福陵神功圣德碑”，重达十余万斤。碑文为康熙皇帝亲撰，上有“康熙二十七年立”字样，用满汉两种文字镌刻，四券门均有低矮的对开木栅栏门。

图4-10 隆恩门

此门为方城门户，上建歇山式三层门楼，方城上有砖砌垛口，下辟拱洞门，券脸雕二龙戏珠纹饰，其上为方形石额，用汉、满、蒙三种文字书“隆恩门”字样。

约出现一位手拿柳枝的女菩萨像，故此碑还有“美人石”之誉。碑楼北即一座城堡式建筑方城，城上有三滴水门楼，青砖砌城墙有约2米宽的“马道”，墙上有跺口。方城四限建有精巧的重檐歇山十字脊的角楼，正脊上装饰琉璃宝珠。明楼及角楼均铺黄琉璃瓦顶，远远望去金光闪闪。角楼的拱角下各悬一风铃，微风吹动，铃声清脆，别有一番情趣。方城正门为隆恩门，入门便是一座建在须弥座台基上的三楹大殿隆恩殿，单檐歇山周围出廊，月台四周透雕栏板，三出踏跺，中间踏跺浮雕出水游龙，栩栩如生。两厢为配殿，其前有焚帛楼一座。隆恩殿内设大小暖阁、帐幔、宝床、神牌、前置供案、祭器等，为谒陵诸帝行“大飨礼”之所。殿内外檐及梁枋施彩绘。殿后为石柱门、石五供、石洞门。方城北为月牙形的“宝城”，俗称“月牙城”，据说缘于“人有悲欢离合，月有阴晴圆缺”，皇帝死亡也是一缺，故修成“凹”字形容月缺，这种形制的“宝城”前朝没有，为清朝所创。城上有重檐歇山式明楼，内立石碑，上镌刻“太祖高皇帝之陵”字样，明楼建于康熙四年（1665年）。宝顶之下便是埋葬死者的地宫，也称“玄宫”或“幽宫”，意为地下宫殿，其豪华堪与世间皇宫大殿相媲美，封建帝王的奢侈可见一斑。

图4-11 隆恩门门额装饰/上图

图4-12 隆恩门背面/下图

图4-13 隆恩殿/上图

此殿建在汉白玉须弥座台基之上。月台四周透雕栏板、三出踏跺，正中凸雕出水游龙，栩栩如生。殿内设大、小暖阁、帐幔、宝床、神牌、龙凤宝座及供案、祭器等，为清帝谒陵行大飨礼的地方。殿内外檐梁枋施以冷色调为主的彩画。正门上方悬一满、汉、蒙三种文字书写的门额。

图4-14 隆恩殿侧景/下图

五、平地筑起清昭陵

图5-1 昭陵全景
（陈伯超 提供）
昭陵亦称"北陵"，是清太宗皇太极和博尔济吉特孝端文皇后的陵寝，建于1643年。1927年辟为北陵公园。

昭陵位于盛京沈阳城北10公里许，故有北陵之称。陵园占地18万平方米，为关外三陵中规模最大的一座帝陵。这里的陵山隆业山青山翠柏交相辉映，湖中池水碧波荡漾，荷花飘香。有形容此地的风光胜境如"龙蟠翠嶂郁岧峣，路夹苍松白玉桥。十二御林严侍卫，风嘶铁马白云霄"。这座气势恢宏的皇家陵园不同于永、福二陵的是，这里的山山水水非自然天成，而是人工堆砌穿凿而就，是我国古代劳动

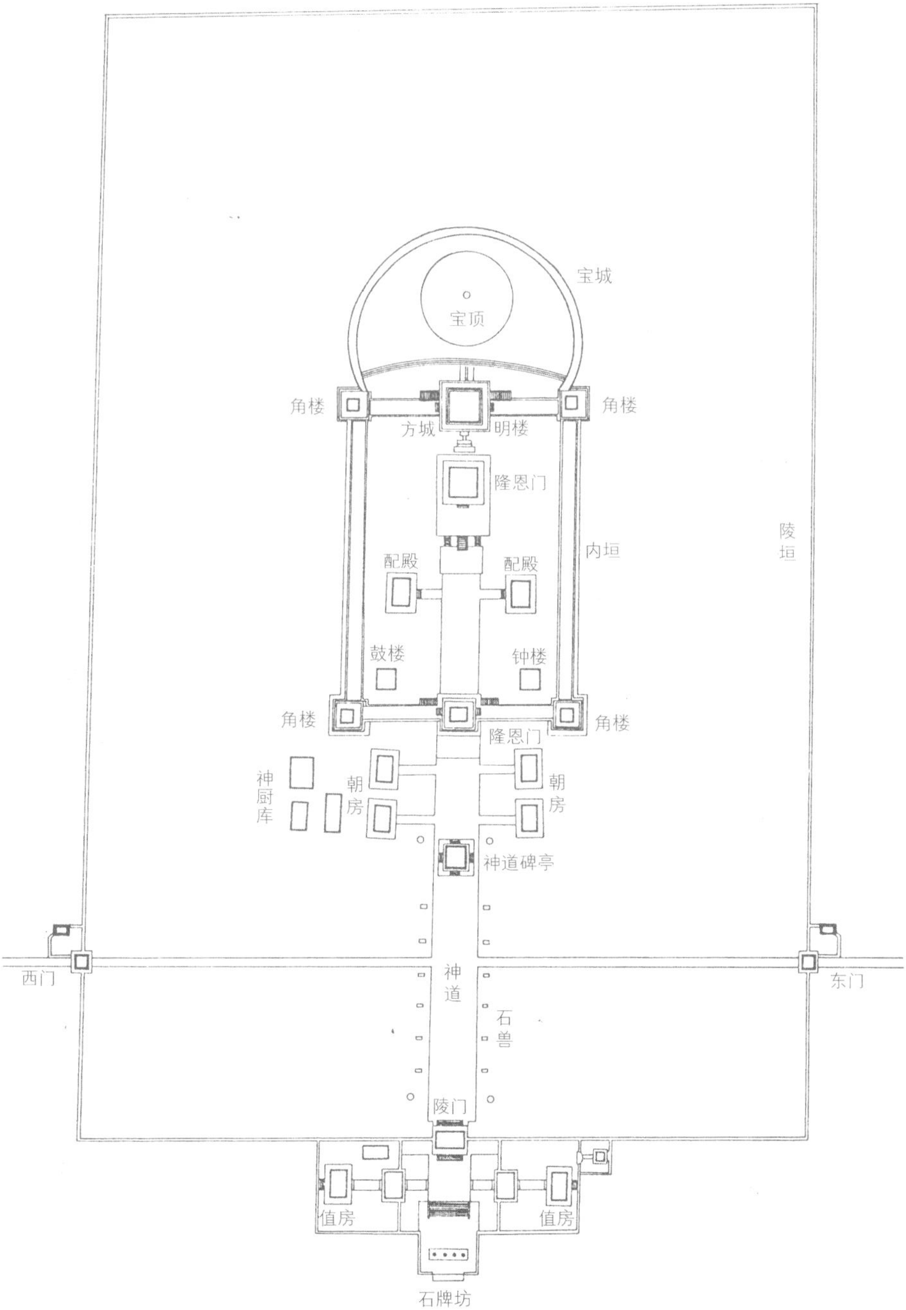
宝城
宝顶
角楼
角楼
方城
明楼
隆恩门
陵垣
内垣
配殿
配殿
鼓楼
钟楼
角楼
角楼
隆恩门
神厨库
朝房
朝房
神道碑亭
西门
东门
神道
石兽
陵门
值房
值房
石牌坊

图5-2 昭陵总平面图

人民勤劳智慧的结晶。在叙说如何平地建陵园的时候，首先应说到这里的墓主人——清太宗皇太极。

皇太极生于明万历二十年十二月廿五日（1592年），系清太祖努尔哈赤的第八子，生母即孝慈高皇后叶赫那拉氏，名“孟古姐姐”。皇太极自幼丧母，青少年时期便随父兄南征北战，著有战功，为“四大贝勒”之一，佐父汗“赞襄机务”。天命十一年老汗王病逝，皇太极在上有长兄大贝勒代善，下有为父汗喜爱的“聪颖异常”的幼弟多尔衮，而在中国传统的“立嫡立长”或“立爱立幼”的情况下，能在众兄弟子侄的“拥戴”下，登上后金国汗的宝座，这本身就说明皇太极的精明强干，手腕高强。他继承汗位后，采取缓和民族矛盾，发展生产，安定社会等种种措施；在军事征服的前提下加强文治，开科取士，又设立六部两院等国家机构，削弱八旗王公的权力，加强中央集权制统治。天聪十年四月（1636年）在一个封建帝国基本形成的情况下正式称帝，改国号大清，年号崇德。他在位期间除继续完成对吉林，黑龙江地区女真人及对蒙古和周边少数民族的征服外，集中力量对明作战，特别是夺取松（山）锦（州）之战的胜利，消灭了明军在山海关外的大量兵力，为清军逐鹿中原奠定了坚实的基础。然而，正当皇太极雄心勃勃，准备进取中原的时候，崇德八年八月初九日深夜，这位大清国皇帝却出人意料地猝死在皇宫大内。享年仅五十二岁。皇太极盛年夭亡，其死因至今尚无定论。但这位“马上

图5-3 昭陵正红门

昭陵正红门也是三楹单檐歇山式券门，两侧接墙上有琉璃袖壁。不同于福陵的是门前有汉白玉石雕栏板、望柱及抱鼓，须弥座式台基三出踏跺。

皇帝”疲于征战，积劳成疾，死前两年就多次“圣躬违和”，甚至无力重返松锦战场，官书中如《清实录》等均有披露。况且爱子娇妻（宸妃海兰珠及其诞育的“皇嗣”）先后弃世，对他造成身心创伤。他死后，爱新觉罗氏家族经过一番激烈的权力之争，使年仅六岁的皇九子福临当上了大清国皇帝，成为清开国以来第一位娃娃皇帝，改元顺治。

皇太极一生处于战乱年代，故生前未及选定“吉壤”，死后才于城外择地起陵，同年九月下葬。顺治六年，孝端文皇后博尔济吉特氏与之合葬地宫，八年基本建成。清入关后，顺治、康熙、乾隆、嘉庆诸朝累有增建，遂成就了一座雄伟瑰丽的帝王陵墓建筑群。令人费解的是，山海关外除启运、天柱山外，不乏名山

图5-4 正红门檐下装饰

图5-5 大碑楼近景/对面页

大川，为何一反古代帝陵多选依山面水，背风朝阳之地建陵的惯例，而于平地起陵？前述乌鸦神雀选陵的传说，虽然不足为信，但该处的地质地貌确有独特之处。据近年地质学家的考察，昭陵的陵址正坐落于沈阳沙土与黄土分布带的分界线上，陵前为沙土，陵后却是黄土，与福陵的地质完全相同，猜想是当时的堪舆家杜如预、杨宏量等人认定两者同在一条“龙脉”上。

昭陵的后面用人工堆积起一座假山，长115丈，高6丈1尺，正南正北方位。传说此“山”上结有九峰，中峰最高，两翼各有四个突起，东西走向，而两端弯曲，势如一条卧龙，于顺治七年（1650年）建成。翌年，少年天子福临在敕封陵山时名此山为隆业山，寓大

清王朝兴隆发达之意。背山面水是帝王陵寝选址的首要条件，昭陵地处平原，只好采取人工"造山"，挖湖蓄水。在堆积这庞大的假山时还严格规定必须到数里外的远处取土，即选用"客土"以免破坏了陵地的"风水"。运土完全靠肩担手提，历时七年才竣工。山成后更广植松树，其苍翠荫翳之况与启运、天柱二山相比毫不逊色。从地理形势看，此山可与永、福二陵的启运、天柱等山连成一气，即所谓均在一条"龙脉"上。据《盛京通志》记载，称其源出长白西麓，由长白而至永陵启运，由启运山而至福陵天柱山，再由天柱山而至昭陵隆业山，一脉相承，故这座假山又有"龙岗"之称。

图5-6 角楼

福、昭二陵方城四隈均建有精巧的重檐歇山十字脊的角楼，正脊上装饰琉璃宝珠。在其拱角下各悬一风铃，微风吹动，铃声清脆悦耳。

昭陵建筑形制与福陵同，唯建筑规模更大，装饰艺术更加考究，同系清入关前后积累式陵墓建筑群。

图5-7 隆恩殿近景

昭陵隆恩殿是清帝祭祀太宗皇太极与孝端文皇后时行大飨礼的地方。此殿三开门，单檐歇山式，四周出廊，殿内“彻上明造”，梁架施彩绘，为清早期建筑特点。

图5-8 砖雕焚帛楼

焚帛楼在隆恩殿前，为清帝谒陵活动后焚烧祝文及纸、帛的地方。昭陵焚帛楼为仿木石雕而成，雕工精细。

六、清初独特的葬式

按清代帝王陵寝规制，帝陵中除合葬的皇后外，其余妃嫔均另建妃园寝。既享“椒房之尊”的皇后，若死在帝前者，可俟皇帝死时与之合葬；若死于其后者，在封建社会“男尊女卑”制度下也会因先皇“奉安已久”，“卑不动尊”的定制不得与皇帝合葬，只能另建皇后陵。但是，关外三陵的修建尚处在社会变革时期，尊卑等级尚不严格，故除前述永陵一陵多葬外，福、昭二陵亦然。甚至影响到清入关后顺治帝的孝陵，在这些帝陵中均有妾妃葬入。这种一陵多葬的独特形式，以福陵为最。

福陵是清太祖努尔哈赤与孝慈高皇后的合葬陵，但同时也有其众多妻妾袝葬陵内。努尔哈赤一生曾有十几位妻妾，除孝慈外，尚有元妃佟佳氏、继妃富察氏（有称衮代皇后者），此二人均葬在福陵。据清皇室宗谱《星源集庆》载，元妃佟佳氏，塔木巴晏女，生长子褚英，封广略贝勒，次子代善，清太宗皇太极时

图6-1 永陵正红门
（陈伯超 摄）
是永陵的总门户，位于陵寝南端，与启运门、启运殿、宝顶都在中轴线上。是一座硬山式通道门，共三间，高5.4米，面阔10.7米，进深6米。设木栅栏大门。

图6-2 永陵四祖碑亭（陈伯超 摄）/上图
四祖碑亭是作为纪念肇祖孟特穆、兴祖福满、景祖觉昌安、显祖塔克世“四祖”的神功圣德碑亭，一字排开坐落在大红门之内前院的神道两侧。碑亭式样统一，高9.6米，面阔和进深均为7.38米，单檐歇山式建筑。根据辈分，努尔哈赤的高祖父孟特穆亭位居中左，其曾祖父福满亭位居中右，祖父觉昌安亭位居左端，父亲塔克世亭位居右端。

图6-3 永陵启运门（陈伯超 摄）/下图
启运门，又称“内宫门”，是方城、宝城的门户。单檐歇山式通道门，面阔三间，进深二间。正中为“神门”，左为“君门”，右为“臣门”。建筑高8.95米，长宽各15米。

图6-4 永陵袖壁
（陈伯超 摄）
袖壁共两面，分别位于启运门两侧红墙上。悬山式上顶，中央为“盒子”，上面做陶质五彩高浮雕，为行龙、海水江涯、祥云图案，四“岔角”雕有祥云、缠枝莲。

封和硕礼兄亲王，权势极大。佟佳氏“母以子贵”，又死在努尔哈赤之前，死后虽无皇后名分不能与先帝合葬，但葬于陵内当无疑义。继妃富察氏，莽塞杜诸祜之女，天命五年亡，葬赫图阿拉，后迁葬东京陵（辽阳），天聪三年二月再迁福陵之旁，即葬在努尔哈赤地宫旁，并未与太祖合葬。直至顺治元年二月，摄政王多尔衮以富察氏所生子大贝勒莽古尔泰、贝勒德格类及女莽古济，兄妹三人在天聪九年“谋逆”事发，才将富察氏“改葬于福陵外”。

值得一提的是努尔哈赤的大妃乌拉纳喇氏阿巴亥为生殉，与太祖“一同升遐”、“合柩入殓”，自当一同安葬。天聪三年皇太极迁生母骨殖与太祖合葬时没有说将已与太祖“合柩入殓”的大妃改葬别处。而顺治七年（1650年），多尔衮以皇父摄政王的身份请幼帝福临追封其母乌拉纳喇氏为“武皇后”，并升祔太

图6-5 永陵启运殿（陈伯超 摄）/上图

启运殿，又称“享殿”，是祭祀“四祖”的场所。单檐歇山顶，面阔三间19.25米，高13.5米。周有围廊，下设台基。

图6-6 永陵配殿（陈伯超 摄）/下图

启运殿前东西两侧各有配殿一座，规制相同。歇山顶，三间周围出廊、进深二间。大祭时存放“祝版”、“制帛”；平时存放神牌等陈设。

图6-7 福陵之月牙城及明楼/前页

月牙城在大明楼后，即连接方城的砖砌半圆形城墙，状如“新月”，故名。其上建“宝顶”（即坟头），宝顶下为安葬死者骨殖的“地宫”。在正对明楼拱门的城墙上镶嵌着多彩琉璃照壁。

庙时，其神牌的位次是：太祖居中，东为孝慈高皇后叶赫那拉氏，西即新封武皇后乌拉纳喇氏，未提陵墓的更动，说明大妃早已葬入太祖墓中。后虽因多尔衮死后有人讦告其生前“篡逆”罪被黜宗室，撤庙享等处罚，但亦未见迁大妃墓于陵外，这对皇孙福临来说，大约也是未敢动尊吧。

顺治元年二月，努尔哈赤的另一比较有地位的侧妃蒙古科尔沁博尔济吉特氏病逝，也未另建园寝，而是“祔葬盛京福陵”（《星源吉庆》）。其余诸妃，如侧妃哈达纳喇氏、庶妃兆佳氏、钮祜禄氏、嘉穆瑚觉罗氏、西林觉罗氏、伊尔根觉罗氏等生卒年不详，大约都在努尔哈赤前后死去，必也都“祔葬”在福陵之中，从而形成一陵多葬的独特葬式。

图6-8 福陵之门与石五供

此处为祭祖诸帝及代谒王公在此举哀和奠酒之处。

图6-9 昭陵方城（陈伯超 提供）/上图

四周以城墙围护，前墙正中设隆恩门。入城迎面是隆恩殿（享殿），殿前左右两侧设有东西配殿。享殿后为大明楼和宝城。

图6-10 昭陵大明楼和宝顶（陈伯超 提供）/下图

位于昭陵中轴线北端的宝城中。大明楼在宝城之上，重檐歇山式建筑。位于其后的宝顶是埋葬皇太极和皇后的墓冢，下面为置放灵柩的地宫。

在关外三陵之外也有两座妃园寝，一座为努尔哈赤的侧妃博尔济吉特氏，宾图王孔果尔之女，此妃极高寿，历经四朝，备受尊崇。康熙四年妃病殁，奉旨“于福陵之右建妃园寝”，称“寿康太妃园寝”。主要建筑有“飨殿三间，东西有茶膳果房，前为正红门，缭垣共四十七丈”（《钦定大清会典事例》）。另一座为皇太极的西宫贵妃“懿靖大贵妃园寝”，这里除葬有死在清入关前的宸妃海兰珠外，还有两位地位贵宠的皇妃，即初封麟趾宫贵妃娜木钟和衍庆宫淑妃巴特玛。她二人均在康熙年间死去，故另建妃园寝，后改称“懿靖大贵妃和康惠淑妃园寝”。关外两座妃园寝规模形制雷同。懿靖大贵妃园寝据考证除安葬上述三位皇妃外，还有皇太极的九位侧妃及庶妃，有的无名号仅称格格（满语意为“姑娘”、“小姐”），共有十一座坟丘。唯一例外的是皇太极的孝庄文皇后，康熙二十六年（1687年）病逝后没有回归故里，而是葬在了今河北遵化县的清东陵，因此陵位于盛京昭陵之西，故称“昭西陵”。

七、福昭二陵石像生

陵墓前列置石像生，在中国有着悠久的历史，它是墓主人身份地位的重要标志。而作为封建社会最高统治者的帝王尤重于此。因为他们不但生前以“九五之尊”统驭万物，死后进入坟墓也要对他“事死如事生”，建造状如皇宫的豪华陵墓，陵前还要列置石兽、石人等石雕像，俨如日夜仪卫帝王安全的“御林军”，以显示出其至高无上的地位和皇家威严。

陵墓前置石雕像，即石像生，远在上古时期即有之。西汉霍去病墓前的石雕遗存，现已成为中国早期墓前石像生的实物见证。至于帝王陵前最早置石像生的时间，据唐代《封氏闻见录》载：“秦汉以来帝王陵前有石麒麟、石辟邪、石象、石马之属；人臣墓前则有石羊、石虎、石人、石柱之属，皆所以表饰坟垅如生前之仪卫耳。”当然，历朝帝陵置石像生的种类和数量不尽相同。到了明代，此风更加盛行。如明孝陵前就置有石狮、石獬豸、石骆驼、石象、石马、石麒麟六对石兽及石雕文臣武将各二对。清帝陵的石像生多沿明制，唯在数量上有所增削，清初尤表现出很大的随意性。如顺治帝的孝陵，陵前神路上各种石兽及文臣武将竟达十八对之多。

关外三陵中永陵未设石像生，福陵前置石像生始于后金天聪八年（1634年），后有所改动。是年皇太极命循古代帝王陵墓规制建寝殿、植松木及石狮、石马等石像生。为此，他曾命掌礼部事务的和硕贝勒萨哈廉传谕工部：“太祖山陵，应建寝殿，植松木、立石狮、石

图7-1 立石马（大白）/上图

图7-2 立石马（小白）/下图

图7-3 石狮

象、石马、石驼等，俱仿古制行之”（《清太宗实录》）。顺治七年（1650年），世祖福临命修葺福、昭二陵，其石像生也作了调整，命于福陵前立“卧骆驼、立马、坐狮子、坐虎各一对、擎天柱四、望柱二。昭陵立象、卧骆驼、立马、坐狮子、坐兽（獬豸）、坐麒麟各一对，擎天柱四、望柱二”（《清世祖实录》）。两陵前的石像生雕工粗犷，栩栩如生。尤令人赞叹的是拱卫昭陵那“十二御林”中的一对石马，均用汉白玉雕成，洁白无瑕，且与真马一般大小。二马昂首伫立，英姿勃发，膘肥体壮。据说是仿太宗皇太极生前最喜爱的两匹宝马良驹“大白”与“小白”雕成。这两匹战马各有所长，其中“大白”肥壮，善

图7-4 石驼

福、昭二陵石像生，不论石马、石狮、石驼，个个体态浑圆硕大，如同真兽一般。尤其昭陵前两匹石马，相传是仿太宗生前最喜爱的“大白”及“小白”两匹坐骑雕成。

于攻城略地；“小白”瘦小，擅于长途驰骋，能日行千里。在清初大小凌河等多次战役中随皇太极冒弓矢弹雨，出生入死，临敌救主，立下了“汗马功劳”。康熙皇帝在恭谒昭陵时曾即兴写下了《昭陵石马歌》，褒扬了二骏的功绩。歌曰：“躬统雄师经战阵，龙马腾骧神武震。大白小白更超群，天闲上驷双六骏。六日飞驰漠远扬，肖形屹立陵路旁。我祖得之于马上，昭兹来许毋怠荒。开创艰难寰宇一，守成曷敢耽安逸。后嗣常怀汗血劳，珠立展礼旧章率。”

八、陵墓建筑的装饰艺术

图8-1 下马碑

下马碑是进入陵区的标志。关外三陵均在陵区周围立有此碑。此为昭陵下马碑，置方形基座上，碑身上下部雕简素的如意纹，开光部用汉、满、蒙、回、藏等多种文字刻“诸王以下官员人等至此下马”字样。清初下马碑原为木制，乾隆年间始改为石碑。

关外三陵的装饰艺术以石雕和彩画最具特色，它既继承和发扬了我国古代陵寝建筑的传统艺术和装饰手法，也融汇了满族的独特风格和地方特色，较之关内诸陵朴拙而生动，亦不失自身的光彩。石雕装饰，意在经久，故在帝王陵墓广为应用，其题材很多，艺术的表现力也很高。在关外三陵众多的石雕珍品中有以下代表作：

1.多种文字的下马碑。下马碑是进入皇城宫禁或陵寝的标志，以昭陵下马碑为例，在陵区内共置三对六通石碑，分列于陵区前、正红门外及方城前。最外的两通石碑上镌刻着“诸王贝勒以下官员人等至此下马”五种文字，其序为满、蒙、藏、回、汉。其余四碑仅有汉、满、蒙三种文字，上刻“官员人等至此下马”字样。此石碑雕刻装饰简素，碑头及碑底框内仅雕如意纹，碑身由云状夹碑石将其牢固地嵌在高约1米的方形基座上。初设下马碑原为木制，乾隆年间高宗为炫耀大清国的“一统同文之盛”，下令一律改成石碑，并命镌刻多种文字，寓多民族国家统一、繁荣昌盛。这种镌刻多种文字的下马碑是清统治者的创造，也是一件具有满族特色的石雕艺术品。

图8-2 昭陵仿木石牌坊/后页
此坊为四柱三楼歇山顶式牌楼，雕工精良，花卉、走兽姿态生动，在石雕艺术中属上乘。尤以嘉庆六年（1801年）增加的四组兽形夹杆石不但有加固牌楼的实用价值，也具有装饰效果。

图8-3 兽型夹杆石

昭陵牌坊四组夹杆石均做成石狮和独角兽，两两相背蹲踞在须弥座台基上，昂首挺胸，虎视眈眈，颇具生机。

图8-4 牌楼雕刻局部

牌楼用高浮雕和透雕的手法，雕刻出行龙、花卉、卷草及“佛八宝”等纹样，雕工精细。

2.雕工精良的华表。华表，也称“擎天柱”、“万云柱”。顺治七年决定在福、昭二陵各立四根擎天柱。华表是附属于建筑物的一种特有装饰物，具有实用与装饰的双重价值。最早是做道路的标识，用以指示路径，其后为统治者所利用，在城阙、桥梁、宫殿等处立一木桩，上钉木板，让臣民将自己对时政的看法写在木板上，称“诽谤木”，以标榜当政者礼贤纳谏。但后来逐渐失去了“路标”和“谏木”的作用，演变成单纯的建筑装饰了。

华表多选用上好的汉白玉雕琢而成，分置于正红门外及石像生前等处。其通高约8米，围1.5米，柱身通体雕行云，下为须弥座式底座，四周有石狮望柱和栏板围护。柱身上横插云版，其上为圆形“天盘”，最上端的柱头有

图8-5 石狮
在昭陵正红门前阶下，平卧在地面上的四只小石狮，除左右两只各把守一路口外，尤其中间一对小石狮扭颈相望，雕得活泼可爱，此种石狮造型当为清初风格。

图8-6 华表/对面页
华表又称“擎天柱”、“万云柱”。用汉白玉雕琢而成。柱身通体雕云龙纹，下为须弥座式底座，四周有望柱及栏板围护。柱身上插云版，满刻流云纹，其上为圆形“天盘”，最上端为“望天犼”。

做成桃形，也有做成异兽形。异兽者似犬非犬，披麟挂甲，昂首望天，故名“望天犼”。又以其向内或向外蹲踞的方向不同，称向内者为“望君出”，向外者为“望君归”。寓意劝告君王不论居深宫还是游幸在外，都不要忘记忧国忧民，治理朝政。但陵墓的望天犼是无论如何也唤不出长眠地下的君王了。因而将犼身用铁链锁在华表柱上，看来是令其看守皇陵禁地而已。

3.仿木的石牌坊。一般帝陵在越过神路石桥后，迎面便是一座高大的仿木雕石牌坊。牌坊也称牌楼，是门的一种，故有“牌楼门”之称。明清时期成为一种独特的建筑装饰，常设于陵园、庙宇等处，其功用是纪念逝者，旌表其功德。福陵正红门前东西两侧建有两座冲天式四柱三楼的石牌坊，但举架较小。而昭陵石牌坊立正红门前，为一座四柱三楼歇山顶式牌楼，高大气魄，雕工精细传神。外檐下用青石

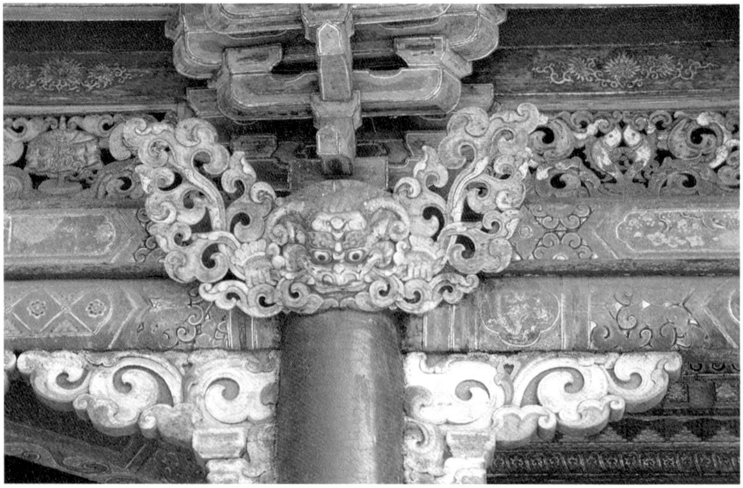

图8-7 昭陵隆恩殿外檐装饰
隆恩殿外檐木雕彩画十分精美，尤其柱头上端似羊非羊的兽面，不起承重作用，仅起装饰效果。

雕出一攒斗栱，而于上下枋的花板上采用高浮雕和透雕的手法，雕出二龙戏珠、花卉卷草、行龙及“佛八宝”等纹饰，雕工精良，姿态生动。尤以嘉庆六年（1801年）将加固牌坊的四组夹杆石做成石狮和独角兽形，两两相背蹲在须弥座台基上，昂首挺胸，虎视眈眈，既起到美化牌坊的装饰效果，更有实用价值，堪称一件巨大的石雕艺术珍品。

4.形神兼备的石像生。福、昭二陵的石像生，其造型和神态和谐统一，是关外石雕艺术不同于关内的又一独到之处。这里的石兽，不论石狮、石象、石马、石麒麟等个个体态浑圆硕大，形象生动，栩栩如生，雕工粗犷简练，刀法遒劲有力。尤其昭陵正红门阶下平卧在无基座地面上那四个小石狮，东西两个各把守一阶口，似严防奸佞小人踏入皇陵禁地，而中间一对小石狮尤雕得活泼可爱，妙趣横生，他们回头相望，看去别有一番情趣。此种石狮造型也属清初地方风格。

图8-8 昭陵隆恩殿陛阶石雕刻/上图

图8-9 昭陵隆恩殿前石狮及抱鼓/下图

5.三陵的琉璃及彩画也丰富多彩。凡门、楼、碑亭、隆恩殿、明楼等主体建筑屋顶一律用黄琉璃铺就，而不加杂色剪边，以示对祖先的尊崇。而门墙、廊柱则髹以朱红色，在群山环抱的万绿丛中显得光彩夺目。而各建筑物檐下彩画，却以青、蓝、绿等冷色调为主，突出了陵寝建筑的高洁和肃穆。由于多次修缮，三陵隆恩殿的外檐彩画用金琢墨石碾玉旋子彩画，为清晚期的地方风格。而内檐则仍保持了关外早期的彩绘，从题材看，是以西番莲、龙凤纹和宝珠为主，另以锦纹、花卉等点缀其间。尤其昭陵隆恩殿的内檐彩画，既不是和玺彩画、旋子彩画，也非苏式彩画，有人称之为“龙草和玺加苏画”。这种未按官式成法所施的彩绘，反映了清初陵寝建筑彩画的随意性和地方风格，弥足珍贵。

九、三陵碑刻

在关外三陵中有许多碑刻，以墓碑及“功德碑”为主，立于明楼和碑楼之中。墓碑即某位帝后的陵碑，如福陵明楼内立的“太祖高皇帝之陵”碑即是。碑额用满汉文书刻。值得一提的是康熙二十七年（1688年），由康熙皇帝御笔亲书的《大清福陵神功圣德碑》和《大清昭陵神功圣德碑》镌刻告竣，两座建在须弥座台基上，重檐歇山，黄琉璃瓦顶，四面辟有券门的大碑楼也拔地而起，楼内外檐下及梁枋满施彩绘，与巨碑相得益彰，壮丽而恢宏。清朝帝陵歌功颂德，树碑立传始于兹。从此，顺治、康熙、雍正、乾隆、嘉庆五帝死后均循祖制由嗣皇帝撰文为先帝立“功德碑”大书特书他们的“德政”及生平业绩。唯道光皇帝旻宁，由于鸦片战争惨败后割地赔款，丧权辱国，觉得已无颜见先帝于地下，遂以自己治国之“功”不及列祖列宗为由，谕令其死后不得建“功德碑”。咸（丰）同（治）光（绪）三朝国势更加江河日下，从此也就免立“功德碑”了。

图9-1 昭陵大明楼内石碑/对面页

福、昭二陵的“神功圣德碑”为康熙皇帝亲撰，分别叙述了太祖努尔哈赤与太宗皇太极的生平业绩和他们的“文治武功”。如在努尔哈赤的碑文中，用墓志散文和碑铭韵语的笔法，对逝者大加颂扬，使人读来有回肠荡气之感。抛开那些“君权神授”的溢美之词，倒也可以看出努尔哈赤创业的艰难。如他仅以“十三副遗甲”起兵统一女真各部，建立后金国，为开创大清王朝，驰骋疆场，轰轰烈烈的一段开国史，对研究清初史事有一定裨益。据载，《福陵神功圣德碑》为康熙皇帝撰文后，由工部左侍郎顾观庐书丹。顾氏名讳藻，字懿朴，号观庐。其书法字迹娟秀，功底深厚。《曝书亭集》称“公书法尤精，在米芾、赵孟頫间”。他虽身为官宦，但翰墨甚精，在书法名家之列。碑文用满汉两种文字恭录，成为流传后世的书法艺术佳作。

昭陵的“神功圣德碑”亦出自康熙皇帝与顾观庐之手。二碑高大，重达十余万斤，巍然竖立在龟趺石座上。龟趺又名赑屃，貌似龟，实为龙之子。俗语说“龙生九子，个个有别”。传说赑屃力大无穷，好负重，故人们将碑座雕成赑屃型，使之驮负巨碑。

十、清初生殉及火葬

殉葬作为一种社会现象，意味着愚昧和野蛮，是人相信灵魂不灭的一种假想结果，因而才出现了人死时要燔化生前所用衣物，乃至令妻妾奴仆等生殉，与他同去“冥间”生活。清初用活人殉葬，显然是这种野蛮制度的残余现象。据《宁古塔志》记载，当时的女真人“男子死，必有一妾殉，当殉者必于主前定之，不容辞，不容僭也。当殉不哭，艳妆而坐炕上，主妇率皆下拜而享之。及时，以弓弦扣环而殒之。倘不肯殉，则群起而扼之死矣。”天命十一年努尔哈赤死时，虽贵为皇后（时称大妃）的乌拉纳喇氏及二庶妃代音察、阿济根就被迫生殉。正是由于当时社会存在此种陋习，使得皇太极等人有机可乘，假借“先帝遗命”，迫令大妃等殉葬，成了爱新觉罗氏家庭中皇权斗争的牺牲品。

由于当时社会存在用活人殉葬的落后习俗，所以清初皇室中后妃侍从等生殉的事屡有发生。不但努尔哈赤死时有大妃等人从殉，就是其“爱妻”叶赫那拉氏死时，也因“太祖爱不能舍”，将四婢殉之。太宗皇太极死虽无后妃殉葬，却有近侍敦达礼、安达里二章京从殉。甚至入主中原后，世祖福临死时，还有妾妃及侍卫傅达理殉葬。其余五公贝勒等死时也多有妻妾仆婢等生殉。这种野蛮行为直到康熙年间才下令禁止活人殉葬。

至于火葬，确是满族及其先人固有的葬式，努尔哈赤崛起之初，曾有朝鲜人李民焕深入到建州地区，看到女真人死后“翌日举之于野而焚之”（《建州闻见录》）。按照女真人的习俗，焚化的骨灰一般先装入锦缎袋或布袋中，再放到一甕罐内葬入地下，称“宝宫”。据《茆溪传》载：“所谓宝宫，其实就是一个骨灰罐，在帝王家则称为宝宫而已。”茆溪禅师曾亲自为顺治帝的皇贵妃董鄂氏和顺治帝二人举火焚化，他的话应该是可信的。从而可知清入关前二帝都是火化后葬入地宫的。《清圣祖实录》载，康熙二年（1663年），命改造盛京福、昭二陵地宫，十二月辛酉，“改造福陵地宫成，奉安太祖高皇帝宝宫，设宝座、神牌于享殿（隆恩殿）”，说明福、昭二陵地宫中葬的仅为骨灰罐的“宝宫”，而非存尸棺的“梓宫”。崇德八年（1643年）九月壬子，皇太极死后一个月，“奉移大行皇帝梓宫敬安陵寝”，“诸王大臣近焚榻前举哀”（《清实录》）。可知皇太极死后是在“焚榻上”火化的。同时，还“焚化御衣及陈设等物”。皇太极“奉安入土”事在顺治元年（1644年）八月，即死后逾一周年，“丙寅，恭奉大行皇帝宝宫安葬昭陵”。顺治十八年正月初七日，年仅二十四岁的顺治皇帝染“天花”夭折，其死后也是“以国礼焚化”。清初三帝及其后妃除个别活到康熙年间才改为存尸棺土葬外，均采取火葬的形式。

至于燔化之习，也是女真人的“旧俗”。早在金代女真人中就有“烧饭”之习，即将“祭祀饮食之物尽焚之，谓之烧饭”。此种习惯实际是一种浪费，皇太极生前曾说：“我国风俗，殉葬燔化之物过多，徒为靡费，甚属无益”，下令严加限制。至于康熙朝始命改火葬为土葬，完全是受到汉族人的影响。

十一、清帝谒陵典礼

上陵之礼，在我国有着悠久的历史，它始于春秋战国时期的“墓祭”，盛行于东汉，以后历代相沿成习，清朝亦然。早在后金天命十年（1625年），清太祖努尔哈赤迫于辽东形势，仓促迁都沈阳，行前，“在父祖墓前供杭细绸（即献帛），又在二衙门（即二殿）宰五牛，烧纸钱”。《满文老档》还记载，天聪三年（1629年），努尔哈赤安葬福陵后，每逢清明节，皇太极都要率领皇室子孙等前往福陵扫墓寄托哀思。同时规定，“按金国例，岁暮祭祖陵”。至崇德元年（1636年）皇太极称帝，循明制制定国家各种礼仪时，对祭祀宗庙及陵寝也重新作了规定。即七月十五日皇帝亲祭太庙，行大祫礼，遣官至福陵供酒果，上香点灯；太祖、太后忌辰，皇帝素服出太清门，不鸣锣鼓作乐，不行赏罚，不杀牲，文武各官俱素服朝见，并遣一勋旧大臣往祭福陵，仅用香烛酒果。除每年定时祭祀外，还“循古礼，凡国有吉庆及变乱之事，俱有祭告之典”。天聪九年（1635年），因大败察哈尔林丹汗兼获“传国玉玺”及逆党莽古尔泰、德格类、莽古济兄妹三人俱“伏法”，特焚褚祭告太祖陵。顺治八年（1651年），增定诸陵坛庙祀典，其中“祭福陵、昭陵，上躬往，自左门入；若遣官，自右门入。祭文、祭品，悉由中门入福陵，于牌楼前下马……福陵、昭陵除清明、中元、岁暮照常祭祀外，每岁十月朔，冬至亦各致祭一次。其祭品，十月朔用酒果，供香烛。冬至，用牛、羊、豕，献酒果，上饭、上羹，供香烛、焚帛、读祝文”（《清世祖实录》）。从此，祭陵之礼便作为国家典制固定下来，一直为后世所遵循。

1644年，清朝入主中原，但关外三陵未能“从龙入关”迁移关内，而是责成盛京内务府拨派官兵夫役对皇陵禁地严加管理及岁时修理、洒扫及节令等的祭祀活动。后又特设三陵总管衙门管理陵寝事务。康熙十年（1761年），康熙皇帝玄烨为实现乃父章皇帝的遗愿，率领王公大臣、八旗官兵，浩浩荡荡由京师出发，到盛京三陵拜祭祖陵。《清实录》记载康熙谒陵祭祖的缘由是：“太祖高皇帝创建鸿图，肇兴景运。太宗文皇帝丕基式廓，大业克弘。迨世祖章皇帝诞昭功德，统一寰区，即欲躬诣太祖、太宗山陵，以天下一统致告，用展孝思。因盗贼未靖，师旅繁兴，暂停往谒。朕以眇躬缵承鸿绪，上托祖宗隆庥，天下底定，盗贼戢宁，兵戈偃息。每念皇考未竟之志，朝夕寝食不遑宁处……今欲仰体皇考前志，躬诣太祖太宗山陵以告成功，展朕孝思。”康熙皇帝不仅实现了先皇夙愿，也开创了清帝东巡谒陵祭祖的先例。自康熙十年（1671年）始，二十一年及三十七年，康熙皇帝曾三次亲诣盛京永、福、昭三陵行桥山大礼。六十一年，本欲第四次东巡谒陵，因其年近七旬，多有不便，遂命时为雍亲王的胤禛代谒一次。自此以后，乾隆、嘉庆、道光三帝也循祖制到盛京三陵祭祖。同时，巡省地方，考察官吏，询访民情，赋予谒陵活动深刻的政治和军事内容。

清帝东巡谒陵祭祖年表

朝代	年号	公元纪年	陵寝名称	东巡谒陵记事
清	康熙十年	1671年	福陵、昭陵	自九月初三日至十一月初三日康熙皇帝率领王公大臣东巡盛京，以“寰宇一统”祭告祖宗山陵
	康熙二十一年	1682年	永陵、福陵、昭陵	自二月十五日至五月初四日康熙皇帝因“平定三藩之乱”东巡盛京祭告祖陵，并北上吉林地区视察边防，以备迎击沙俄的侵略
	康熙三十七年	1698年	永陵、福陵、昭陵	自八月二十九日至十一月初一日康熙皇帝以御驾亲征准噶尔，灭噶尔丹叛乱取得胜利祭祀祖陵，并奉皇太后幸蒙古地区，“巡行塞北，经理军务”
	乾隆八年	1743年	永陵、福陵、昭陵	自七月初八日至十一月二十五日，乾隆皇帝先到承德避暑山庄接见蒙古各部，然后率众东巡盛京遵祖制拜祭三陵。皇太后钮祜禄氏随行
	乾隆十九年	1754年	永陵、福陵、昭陵	自五月初六日从京师出发经承德木兰围场，行围演武，然后到盛京拜祭三陵，同时奉皇太后游幸
	乾隆四十三年	1778年	永陵、福陵、昭陵	是年六十八岁高龄的乾隆皇帝仍遵祖制东巡盛京拜祭祖陵，自七月二十日出发，九月二十六日回京

朝代	年号	公元纪年	陵寝名称	东巡谒陵记事
清	乾隆四十八年	1783年	永陵、福陵、昭陵	此次东巡祭祖，乾隆帝已至古稀之年。先至承德避暑山庄举行“万寿庆典”，自八月十六日赴盛京，至十月十七日返回京师
	嘉庆十年	1805年	永陵、福陵、昭陵	自七月十八日至九月二十三日嘉庆皇帝东巡盛京，拜祭祖陵。虽然白莲教起义被镇压下去，但也因国势衰微，不得不“撙节”而行，故此次东巡既不行围，亦不带后妃随行
	嘉庆二十三年	1818年	永陵、福陵、昭陵	自七月二十八日从北京出发，至十月十一日回到京师，嘉庆皇帝率皇次子智亲王旻宁等并王公大臣举行了第二次东巡谒陵。亦因天理教等农民大起义暂时被镇压以告慰祖陵
	道光九年	1829年	永陵、福陵、昭陵	自八月十九日从京师出发，十月二十四日回京，道光皇帝以平定新疆准噶尔叛乱，东巡盛京谒陵祭祖，但因国家内忧外患，此次东巡实勉为其难。这是清帝最后一次东巡谒陵

“中国精致建筑100”总编辑出版委员会

总策划：周　谊　刘慈慰　许钟荣

总主编：程里尧

副主编：王雪林

主　任：沈元勤　孙立波

执行副主任：张惠珍

委员（按姓氏笔画排序）

王伯扬　王莉慧　田　宏　朱象清　孙书妍
孙立波　杜志远　李建云　李根华　吴文侯
辛艺峰　沈元勤　张百平　张振光　张惠珍
陈伯超　赵　清　赵子宽　咸大庆　董苏华
魏　枫

图书在版编目（CIP）数据

关外三陵／王佩环撰文／张振光等摄影／梁彦彬绘图．—北京：中国建筑工业出版社，2014.6
（中国精致建筑100）
ISBN 978-7-112-16914-6

Ⅰ．①关… Ⅱ．①王… ②张… ③梁… Ⅲ．①陵墓-建筑艺术-辽宁省-清代-图集 Ⅳ．①TU-092.49

中国版本图书馆CIP数据核字（2014）第110924号

©中国建筑工业出版社

责任编辑：董苏华 张惠珍 孙立波
技术编辑：李建云 赵子宽
图片编辑：张振光
美术编辑：赵 清 康 羽
书籍设计：瀚清堂·赵 清 周伟伟 康 羽
责任校对：张慧丽 陈晶晶 关 健
图文统筹：廖晓明 孙 梅 骆毓华
责任印制：郭希增 臧红心
材料统筹：方承艺

中国精致建筑100

关外三陵

王佩环 撰文/张振光 王瑞森 陈伯超 摄影/梁彦彬 绘图

中国建筑工业出版社出版、发行（北京西郊百万庄）
各地新华书店、建筑书店经销
南京瀚清堂设计有限公司制版
北京顺诚彩色印刷有限公司印刷

开本：889×710 毫米 1/32 印张：3 插页：1 字数：125 千字
2015年11月第一版 2015年11月第一次印刷
定价：**48.00**元
ISBN 978-7-112-16914-6
（24377）

版权所有 翻印必究
如有印装质量问题，可寄本社退换
（邮政编码 100037）